华服小当家

A Little Designer

服饰文化篇

华服小当家课程研发中心　编著

中国纺织出版社

内容提要

本书对我国从春秋战国到20世纪初各个主要历史时期的12款经典服装进行了讲解。服饰文化的内容涵盖了历史人物、历史事件和经典历史故事。漫画形式的配图更加迎合孩子的心理特征；传统服饰和历史文化相结合，有利于孩子综合素质的提升。通过本课程的学习，能让孩子在传统文化积累、创意思维开发、艺术底蕴培养和数字化科技体验以及优秀传统礼仪的传承等各个方面，得到全面提高。

图书在版编目（CIP）数据

华服小当家. 服饰文化篇 / 华服小当家课程研发中心编著. -- 北京 : 中国纺织出版社，2018. 7

ISBN 978-7-5180-5223-3

Ⅰ. ①华… Ⅱ. ①华… Ⅲ. ①服饰文化－中国－古代－少儿读物 Ⅳ. ① TS941. 742. 2-49

中国版本图书馆 CIP 数据核字（2018）第 151938 号

责任编辑：宗　静　　特约编辑：刘丽娜　　责任校对：寇晨晨
责任印制：何　建

中国纺织出版社出版发行
地址：北京市朝阳区百子湾东里A407号楼　邮政编码：100124
销售电话：010—67004422　传真：010—87155801
http：//www.c-textilep.com
E-mail：faxing@c-textilep.com
中国纺织出版社天猫旗舰店
官方微博 http：//weibo.com/2119887771
北京玺诚印务有限公司印刷　各地新华书店经销
2018年7月第1版第1次印刷
开本：710×1000　1/16　印张：6
字数：60千字　定价：49.80元

凡购本书，如有缺页、倒页、脱页，由本社图书营销中心调换

序

近年来，创客教育在我国迅速发展，甚至已经成为校园课程建设的重中之重。但在热点的背后，我们不难发现，工科背景的创客项目品类繁多，而人文艺术类创客项目无论是数量还是质量上却始终难有突破。

作为服饰艺术创客项目华服小当家异军突起，将创客教育和STEAM中的艺术设计教育理念相融合，开创了以艺术审美和文化传承为核心的全新创客理念，让学生通过系列的创客教育实践了解民族优秀传统文化，传承中国文明礼仪。同时全面提高学生的艺术审美力、创造力和动手能力。

这本书非常适合k12领域的中小学创客中心的教学应用。同时，对于职普融合的交流活动及青少年活动中心的创客培训，也是很好的教程用书。

衣、食、住、行，衣者为先。把服饰专业文化结合VR/AR的新技术应用，既是传承也是创新，通过创客教育普及到中小学的创客教育，可以让孩子从小就对服饰美学有深入的了解，让艺术创客之美伴随孩子茁壮成长。

2018年6月

前　言

华服，是“华夏民族传统服饰”的统称，又称汉服。是以“华夏（汉）”文化为背景和主导思想，以华夏礼仪文化为中心，通过自然演化而形成的具有独特华夏民族风貌，明显区别于其他民族的传统服装和配饰体系，是中国“衣冠上国”、“礼仪之邦”、“锦绣中华”的体现。

传承和发扬传统文化，本身也包含着新时期对我国丰富的服饰文化的继承与创新。华服小当家服饰创客教育是创客文化和服饰传承的完美结合。它基于学生兴趣，以传统服饰学习和制作、创新为课程载体，结合我国历史文化、历史故事和优秀传统礼仪，以现代数字化科技为创新手段，实现了艺术性、科技性、传承性相融合的艺术创客模式。它倡导动脑、动手，鼓励创意思维和团队分享，旨在培养学生传统与现代结合、继承与创新并进、艺术与技能共享的思维方式。

华服小当家服饰创客积极倡导习近平主席“传承和发扬传统文化”的指导精神，响应十九大“弘扬中华传统文化”和教育部“让传统文化进校园”的号召，紧紧贴合现阶段国内、国外教育者推崇的Steam综合素质培养模式，寓教于乐，教学相长。利用数字化AR/VR体验式教学和游戏相结合的模式，让学生全面了解我国5000年服饰文化和民族精神。

我们摆脱了专业化教学的束缚，让课程成为一种艺术素养和科技能力的培养和激发。并从空间设计、服饰文化建设、课程体系、软硬件体系和特色服务这五个方面出发，提供包括实验室场景设计、文化建设、师资培训、创意套件、创客课程及自主平台等在内的一体化整体解决方案，致力打造中国服饰艺术创客教育的领导品牌。

华服小当家课程研发中心

2018年6月

目 录

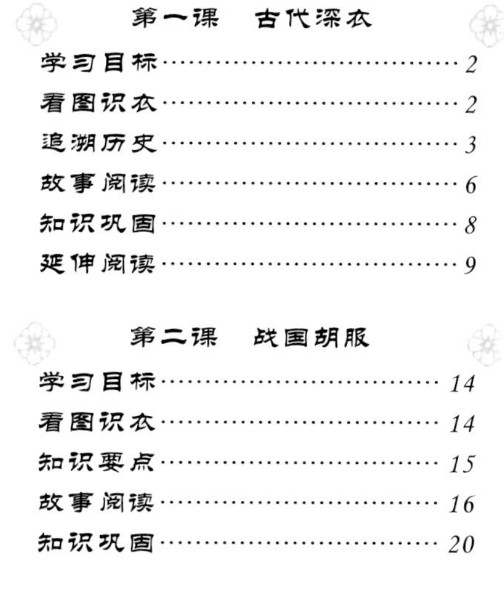

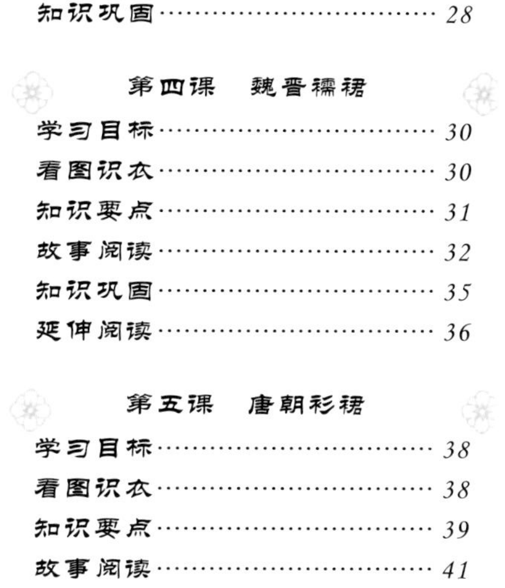

第一课　古代深衣

嗨！同学们，你们好！中华文化博大精深、华丽多彩，从今天开始，我们将展开一段奇妙的中国传统服饰文化之旅，相信大家一定会受益匪浅。

第一课　古代深衣

学习目标

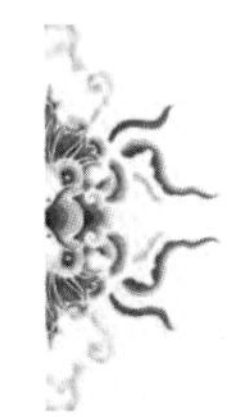

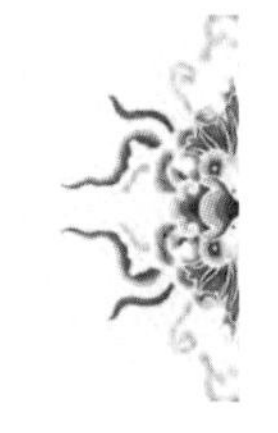

1. 了解上衣下裳与深衣的区别
2. 认识我国古代冕服制度
3. 认识古代冕服制度的十二章纹

看图识衣

在上古时期，深衣已经出现在中华民族最早的服饰里了。这一点我们可以在古代的绘画作品、出土文物以及文献典故中得到印证。

现在，也有不少人开始穿着现代改良深衣，以弘扬中国传统服饰文化。

中国最早的服饰是什么样的呢？其实，有关中国服饰的最早文字记录可以追溯到《易·系辞下》和《礼记》中的记载。

古代出土文物中穿深衣的形象

追溯历史

在《易·系辞下》中有“黄帝尧舜垂衣裳而天下治”的记录，意思是从我们中华民族的始祖黄帝开始，衣服就不能随便穿了，必须要“垂衣裳”，才能对老百姓起到示范作用，并有效管理国家。

在《礼记》中有“有虞氏皇而祭，深衣而养老。”的记录，意思是有虞氏的先民头戴羽冠祭祀祖先及天地，穿着深衣而行敬老之礼。

黄帝和有虞氏分别是远古、上古时期的中华民族始祖，这两处文献里提到的“衣裳”和“深衣”就是我们中国传统服饰的最早代表服装。

上衣下裳

直裾深衣

知识点

那么，什么是衣裳与深衣呢？

衣裳即为上衣下裳，指上身穿交领右衽大襟衣，下身穿裳，裳即是裙子，一般在腰间束带；深衣为上衣和下裳相连在一起，用不同色彩的布料作为边缘，其特点是使身体深藏不露，雍容典雅。

衣裳

上身穿交领右衽大襟衣，下身穿裳，裳即是裙子，一般在腰间束带。

深衣

上衣和下裳相连在一起，用不同色彩的布料作为边缘，其特点是使身体深藏不露，雍容典雅。

一直到西周时期，包括上衣下裳在内的冕服制度得以确立，另一种中华民族的经典服饰深衣在西周后期的春秋战国时期，也开始流行，并逐步发展完善。上衣下裳与深衣成为中国最早的服装形制，为中华民族汉服体系的最早款式，对后世的影响深远。

中国服饰的产生发展有着深刻的文化背景，是特定时期文化背景与社会制度的产物，上衣下裳作为中国最早的传统服饰，具有鲜明的规范性、礼仪性，孔子说的“服周之冕”，说明在周朝时期形成的服饰制度与服饰礼仪成为后世的典范，奠定了中华传统服饰的发展基础。

那么，关于上衣下裳与深衣，又有什么有趣的故事呢？

故事阅读

在东周春秋时期的一日，孔子的弟子颜渊问孔子："师父，我有一个疑惑，作为一个国家的统治者，怎么才能治理好国家呢？"孔子回答道："要想把一个国家治理好，包含了很多方面。比如，在历法上，应该实行夏朝的历法；在交通方面，最好采用殷朝的交通工具；而在穿衣服上，则应该遵循周朝的冕服制度，等等。如果在治理国家的方方面面都找到最好的楷模和范本，并善加利用，就一定能把一个国家治理好！"

孔子这样说，是因为孔子所处的春秋时期，"礼乐崩坏"，在周朝的时候形成的礼仪典章与良好的秩序被春秋诸侯所打破，包括"冕服制"在内的周代礼制没有被后人很好地继承下来，所以孔子很着急，他痛心疾首，认为

要想治理好国家，拥有一个和谐完美的社会，包括冕服制度在内的各种社会制度和规范必须遵循周朝之制，才能把社会治理好，使老百姓能安居乐业。

想一想

同学们，学习了上面的内容，大家开动脑筋想一想，古时候的“衣裳”和现在我们常说的“衣裳”有什么区别呢？

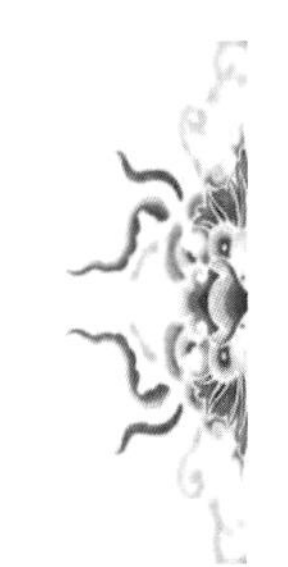

知识巩固

前面我们讲了，冕服中的服就是指上衣下裳，“衣”指缝有袖筒，前开式的服装，衣襟右掩的称为右衽，衣襟左掩的称为左衽。“裳”在最初，只是将布裁成两片围在身上，到了汉代，才开始把前后两片连起来，成为筒状，这就是现在所说的“裙”。

深衣为上身与下身分开裁剪，然后在腰间缝为一体，并用不同色彩的布料作为边缘，具有较强的装饰性，衣身长至足踝或长曳及地，因此“被体深邃”，故名深衣。

同学们，快来找一找，哪一件是上衣下裳，哪一件是深衣？用连线的方式给出你的答案吧！

找 一 找

深衣

上衣下裳

延伸阅读

【冕服制】

“服周之冕”说明周朝时期即形成了完备的、可以供后世参照模仿的冕服制度，为后世的冕服制度奠定了基础，那么周朝时期的冕服是什么样的呢？冕服制服都包括哪些呢？

“冕”是指帽子。但与一般的帽子不同，冕的顶部为一平整的木板，木板前面垂挂若干珠串，帽子两端系着长带子。

“服”就是上衣下裳，在服装上绣有十二种图案，包括日、月、星辰、山、龙、华虫、宗彝、藻、火、粉米、黼、黻，称十二章纹。

“冕”是指帽子。

冕的顶部为一平整的木板，木板前面垂挂若干珠串，帽子两端系着长带子。

“服”就是上衣下裳，在服装上绣有十二种图案，包括日、月、星辰、山、龙、华虫、宗彝、藻、火、粉米、黼、黻。

古代冕服

“冕服”不能随便穿，黄帝在最隆重的场合的冕服是穿“十二章纹”，在其他场合，根据场合的重要性，冕服按“九章纹”“七章纹”“五章纹”递减，其他官员的冕服最高只能穿“九章纹”，同时也按场合和官阶递减。以此类推，这样就建立了一个服饰等级制度，如同现在的军衔制度一样一目了然。为了服装制度的严格执行，《周礼》中还设置了监管服装制作的官员，比如“染人”管染色，“缝人”管缝纫，衣服做好后再交给专门的负责人“司服”和“内司服”，大家各司其职，维护着周朝服装制度的有条不紊。

冕服制度的奠定是早期中华民族中央集权制度的象征，在周朝开始确立，自秦汉以来历代沿袭，源远流长。虽冕服的种类、使用的范围、章纹的分布等有所演变，各朝不一，但冕服制度一直沿用到清朝。

冕服制度体现了统治阶级各自利益集团形成的差别等级，通过服饰让统治者与别的社会人群区分开，形成不得僭越的规章制度，是统治阶层身份地位的象征。另外，冕服制度还包含着丰富的礼仪性，除了体现不同身份地位外，还体现不同的场合、时间，也为后世的服饰礼仪提供了参考和借鉴。

冕服制度对现今服装现状与服饰礼仪也还具有启发性，我们现在的人穿衣服也应该要像君子一样。我们现在常常听说的“正衣冠”，不仅是指穿衣服要端正、规范，也指我们要端正自己的行为，提升自己修养。另外，在学习传统服饰文化时，传统服饰中“表贵贱”的部分需要我们剔除，但是服装穿着的场合性、时间性、礼仪性还是对现代生活具有重要的现实意义。

第二课　战国胡服

嗨！同学们，你们好！在上一节课，我给大家介绍了我们中国最早的礼服——深衣。你们还记得吗？深衣，开启了我国上衣下裳的传统着装方式，而且一直延续到了清朝的旗装。那么，这堂课我们又要学习哪一款古代服饰呢？在这堂课，我们要学习一款重要的古代少数民族服饰：胡服。

第二课　战国胡服

学习目标

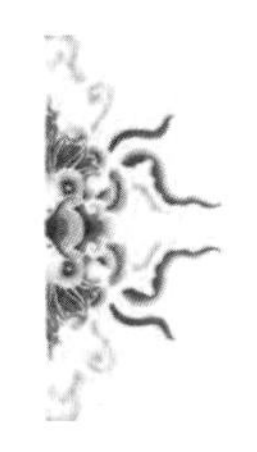

1. 了解胡服的特点，掌握胡服的样式
2. 了解并能够讲出《胡服骑射》的故事

看图识衣

胡服最初为少数民族服饰，战国时期开始在赵国普及，之后，对汉人的服饰具有重要影响。

我们可以从出土的陶塑、绘画等古代作品中欣赏到古代胡服的样式。

战国胡服

知识要点

胡服就是采用胡人的服装，即上身改穿短装，下身着裤装，腰间束皮带，用带钩，穿皮靴。“习胡服，求便利”成了当时服饰变化的一种倾向，胡服在中原地区的流行弱化了服饰的身份标示功能，强化了其实用功能。自此以后，汉族居民不断吸取少数民族的服饰文化来丰富自己的服饰文化。

胡服也是上下身分开，但不同于上衣下裳，而是一种上衣下裤的服饰。

上衣下裳	胡服

常见的胡服有圆领袍、曳撒等服装形式。

那么，胡服的由来，又有什么有趣的故事呢？

故事阅读

【胡服的起源】

胡服的产生和流行主要来源于一段战国时期的著名典故：胡服骑射。

胡服骑射的主人公是赵国的赵武灵王，他是战国时期赵国的第六代君主，是著名的政治家、军事家，后人对赵武灵王最耳熟能详的了解，莫过于《胡服骑射》的故事了，一个通过着装开始的全面军事改革、政治改革，使得赵武灵王名垂千古。

公元前307年的一天，赵武灵王对他的大臣楼缓说：“咱们东边有齐国、中山国，北边有燕国、东胡，西边有秦国、韩国和楼烦部落。我们腹背受敌，如果不发愤图强，随时都可能被人家灭了，那岂不愧对列祖列宗吗？我们国家要想生存并发展壮大，必须要好好进行一番改革。爱卿有何高见？”楼缓答道：“首先，咱们的军事急需改革。”武灵王接着说道：“我觉得我们军队士兵穿的服装，长袍大褂，行军打仗都不方便，不如胡人短衣窄袖，脚上穿皮靴，灵活得多。我打算仿照胡人的习俗，把服装改一改，你看怎么样？”楼缓正色道：“殿下所言极是，咱们军队的服装如若仿照胡人军服，必将大大提升我们军队的战斗力，也能推动军事方面的其他改革。”

然而，当赵武灵王在大殿上将他的意见告知其他大臣的时候，大臣们却坚决反对。武灵王很头疼，他把托孤重臣肥义召来，问肥义是否有更好的建议。肥义坚定地说：“古往今来，凡成大事者，必不拘小节，最忌犹豫不决，如果国君认为这样做是对的，那就大胆改革，管那么多干什么！”

这么干脆的回答，让赵武灵王心花怒

放。赵武灵王打定主意决定排除万难，实行服装改革。

第二天一早，赵武灵王以身作则，自己先穿上了胡人的衣服。大臣们看到吓了一跳，觉得不伦不类，像个小丑，但毫无办法。赵武灵王力排众议，在大臣楼缓、肥义等的支持下，毅然决定实行服装改革，下令不仅在军队，而且要求全国上下所有国民皆改穿胡人的服装。

就这样，赵国上上下下都穿起了胡服。由于胡服确实比中原服装要方便、实用，很快，人们就没有什么怨言了。

赵武灵王的胡服改革措施在军队成功推行后，接着训练骑兵队伍，改变

了原来的军事装备，赵国的军事战斗力一下子提高了起来，赵国的综合国力也日渐强大，不仅打败了过去经常来犯的中山国，而且还往北边开辟了上千里的疆域，成为当时的“七雄”之一。

【胡服改革的历史意义】

胡服改革，是中国服饰史上的一个重要里程碑。它使汉人的身体从此前宽大冗繁的服饰束缚中解放出来，肢体功能得以释放，“马上打战、马下生产”，都变得更加方便、自如。胡服进入中原，成为中原汉族普遍穿着的服饰之一，为汉民族服饰增添了新气象，影响深远。

郭沫若在诗中曾说到“骑射胡服思雄才”，歌颂的便是赵武灵王实行胡服改革的史绩。仅仅换了一身衣服，为何值得歌颂呢？其实对于我们而言，赵武灵王这种排除万难、锐意改革进取的精神和魄力更值得我们后人去学习。

历史告诉我们，改革、创新从来都不是一帆风顺，但只要方向是对的，并持之以恒地努力，勇敢地前行，一定能开创出新的风貌。

想一想

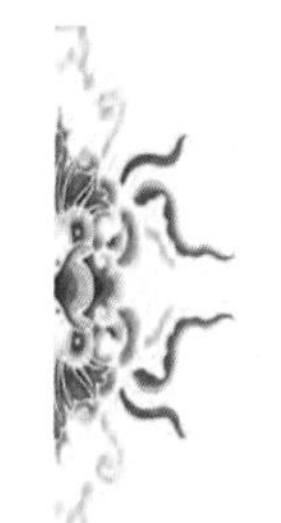

前面我们还学习了上衣下裳，那么，同学们想一想，上衣下裳和胡服上衣下裤有哪些区别呢？

知识巩固

今天我们认识了好几种胡服款式，你们都记住了吗？下面就来猜一猜以下两种款式吧！

连一连

曳撒

圆领袍

好了，同学们，关于胡服的知识我们就介绍到这里了。关于胡服，大家都掌握了吗？

第三课　曲裾深衣

嗨！同学们，你们好！我们在第一堂课上已经了解到，上衣下裳与深衣是中华传统服饰中最早产生的两种服饰，也是最重要的代表，对整个中华服饰的发展奠定了基础。今天我们要对深衣展开进一步的了解。

第三课　曲裾深衣

学习目标

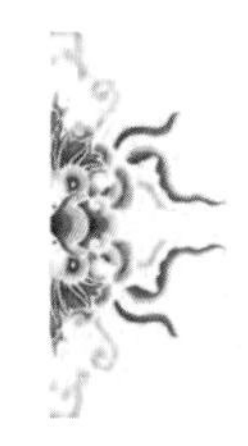

1. 了解直裾深衣和曲裾深衣的区别
2. 从孟子和他妻子的故事中学习优秀的传统礼仪

看图识衣

什么是深衣呢？为什么不叫浅衣呢？我们前面已经讲过深衣是上下身连为一体的服装，因“被体深邃”，故名深衣。其实，深衣还有“用衣服将身体层层包裹，将身体深藏”之意。那古代人为什么要将身体层层包裹、深藏起来呢？

在回答这个问题之前，我们首先要知道深衣有直裾深衣和曲裾深衣两种形制，而要将身体能够严严实实包住，非曲裾深衣莫属了。

曲裾深衣

直裾深衣

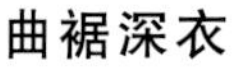

追溯历史

曲裾深衣在秦汉时期是非常常见的服饰，直到后面几个朝代还保留着其基本形制，只是款式略有变化。我们可以从一些古代绘画以及出土文物中看到曲裾深衣的身影。

曲裾深衣

早期的深衣为曲裾、续衽钩边，这样防守就非常严密了。因为这种深衣两端不开衩，衣襟很长，在前面交叉以后还要绕到身后，形成三角形，再用带子系起来，所以，能够将身体包裹得非常严密。

与曲裾深衣对应的是直裾深衣。但是刚有直襟袍的时候，是不准穿出家门的，而且在家待客也不能穿。《史记》中就有“穿着直裾深衣入宫，对王不敬”之说。为什么呢？这是因为古代人的裤子，都是开裆裤。

原来在早期，人们日常的穿着里没有内衣和裤裆，如果不用曲裾深衣将身体缠绕、遮盖起来，人的身体就很容易暴露，这对于十分讲究礼仪与行为规范的古代社会来说，是极为不妥的，所以，曲裾深衣很好地解决了这个问题，对于当时的穿衣礼仪与社会规范起到了良好的维系作用。只是到了秦汉时期，有了内衣、裤裆等贴身衣服，曲裾深衣就变得没有必要了，慢慢退出了历史的舞台，取而代之则是直裾深衣的流行，也是后期袍衫的前身。

知识要点

曲裾深衣也是深衣的一种，在秦汉时期作为一种常见的服饰被穿着。曲裾深衣两端不开衩，衣襟很长，在前面交叉以后还要绕到身后，形成三角形，腰部再用带子系起来，因此，能够将身体包裹得非常紧。

下面，我们就来讲讲一个与曲裾深衣有关的故事。

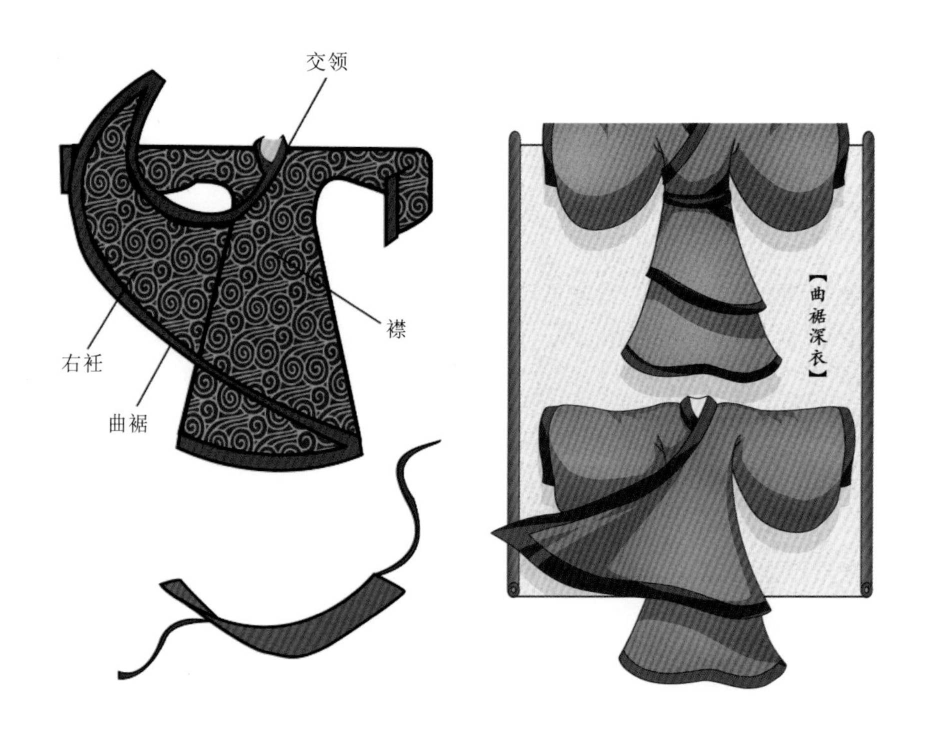

故事阅读

传说有一天，孟子突然从外面回家，一推门看见自己的夫人一个人在家，而且正“箕踞”而坐。孟子看了，摔门跑了出去，跟他母亲说他的妻子没有礼貌，要休了她。大家都听说过《孟母断织》《孟母三迁》的故事吧？这些流传的佳话都说明孟母是一个明事理的人。

孟母问孟子："你媳妇怎么没有礼貌了？"孟子说："她箕踞而坐！"孟母问："你是怎么知道的？"孟子说："我开门而入，亲眼见到。"孟母说："《仪礼》中讲，将要入门，先问一声谁在；将要上堂，先要扬声报到；将要入户，视线要朝下，给屋内人一个准备的时间。你未扬声直接入门，结果你媳妇箕踞而坐被你看个正着，这是你没有礼貌，并非你的媳妇啊！"孟子听了，这才打消了休妻的念头。

孟子是我国古代著名的思想家和教育家。这个故事是不是真的，我们先不去研究。大家想一想，古代人为什么这么在意“箕踞而坐”？箕踞而坐就是两膝微曲坐在地上，因为整个人看起来像个“簸箕”而得名。这个动作在今天无伤大雅，但是，对于几千年前的古代人来说，这个动作可是和袒露下身一样的，因为古代人是不穿内裤的。

为了避免此类情况的发生，人们将上衣与下裳缝合起来，做成上下连体、层层包裹的“深衣”。

在古代，男女都穿深衣。深衣的颜色也受伦理思想的影响。父母、祖父母都健在，穿绿色深衣；父母健全穿青色；父在母亡穿素色；平时穿衣避免素色，是对父母的尊重和孝心。

【曲裾深衣的影响】

深衣是我国最早的服饰之一，也是中国服饰史上第一件比较正式的礼服。其形制一直贯穿到后面各个朝代，只是款式略有变化。深衣开启了我国古代上衣下裳相连、被体深邃的穿衣时代，在中国服饰史上具有极其重要的地位。很多现代人文学者也建议将深衣作为中华大地的汉服来推广，作为汉族文化的代表。

想一想

前面我们讲过深衣有两种，即曲裾深衣和直裾深衣，同学们，你们知道这两种深衣有什么区别吗?

知识巩固

曲裾深衣在秦汉时期是非常常见的一种服饰，它能够把人的身体包裹得非常紧，这与直裾深衣有所不同。同学们，你们能准确找出下图中的直裾深衣和曲裾深衣吗?

找一找

第四课　魏晋襦裙

嗨！同学们，你们好！在学习新的知识之前，我想问同学们一个问题。提到中国传统服饰，大家马上就会联想到什么呢？是不是常常会联想到宽松、飘逸的感觉呢？的确，宽松飘逸是中国传统服饰的一个重要特点，今天我们要讲到的魏晋时期的襦裙就具有鲜明的宽松飘逸的特点。

第四课 魏晋襦裙

学习目标

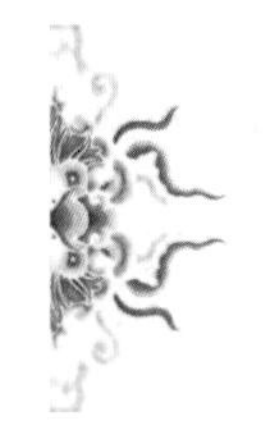

1. 了解魏晋时期的服饰的特点
2. 学会讲述魏晋的文人“褒衣博带、心济苍生”故事

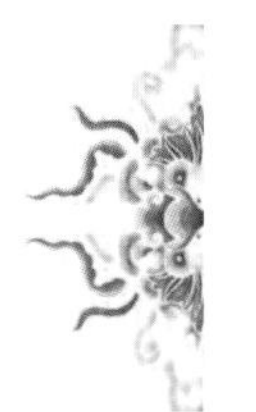

看图识衣

魏晋时期的服饰宽松、飘逸，这也是我们在说到传统服饰时最常想到的一个特点。这一时期的服饰特点跟当时的风气不无关系。下面我们从一些绘画中来欣赏一下当时飘逸的襦裙。

魏晋襦裙

知识要点

魏晋时期襦与裙搭配在一起，上下相连，腰间系带，褒衣博带是当时襦裙服装的一个重要特点。

同学们，你们知道褒衣博带是什么意思吗？其实就是指魏晋时期的人们流行穿着十分宽松肥大的衣裳和袖子，并佩戴长阔的飘带。

其实，襦裙体现出的飘逸是中国传统服饰中独有的美。中国服饰形象中的宽松的衣裙、长长的衣袖，再配以飘带、披肩所形成的飘逸之美，是中国服饰的迷人之处，也成为体现中国传统服饰审美趋势的重要代表。

故事阅读

关于襦裙，又有什么有趣的故事呢？我们一起来看一看吧！

【《异服》的故事】

褒衣博带究竟有多宽松呢？我们可以从明代冯梦龙编纂的笑话集《古今笑史》中的一个叫《异服》的故事一窥究竟。

话说在魏晋时期的某一天，一个名叫曹奎德的官员穿了一件非常大的袍子，这件袍子的袖子是超大型号，将手举起来、袖子打开的时候，仿佛可以形成一大片绿荫，足够好多人乘凉。

曹奎德一个叫杨衍的朋友看着他穿了一件这么庞大宽松的衣服不禁问道："曹兄，你衣服的袖子为什么要做这么大啊？你不觉得这样走起路来很不方便吗？"曹奎德不禁得意地笑道："杨弟不懂我啊，我的袖子做得大一

点是为了装下普天之下的苍生呀！”杨衍听了，哈哈大笑道：“你的衣服只可以装你一个苍生罢了。”取笑归取笑，不过杨衍心理不禁暗暗佩服曹奎德以拯救苍生为己任的博大胸怀，他把儒家的经典思想在服饰上做到了独到的解释，通过着装来不断提醒自己要有“天下为己任”的士大夫情节。

古代服装宽松的袖子一方面体现其潇洒、不拘的“长袖善舞”的风格外，也有非常实用的“多钱善贾”的功能，也就是方便携带银钱。古代的服装一般没有口袋，宽阔的带有袖口的衣袖正好可以兼作衣袋之

用，一些必须随身携带的零星碎物，如手巾、零钱、钥匙等，大多就储放在衣袖中。

【襦裙形成原因】

那么，为什么魏晋时期的服装流行宽松飘逸的特征呢？其实，除了服装款式、面料本身的特点以外，与当时的社会氛围也有着密切的联系。

魏晋时期，政治动荡，文人想参与时政，但又碍于时局，因此郁郁不得志，只能自我超脱，玄学成为当时文人的主要思想寄托，由于玄学崇尚清心欲寡、放荡不羁、超然无物、自然无为，于是，文人们纵情于山水、饮酒、奏乐。在服饰上也寻求宣泄，故而宽衣大袖，袒胸露臂，藐视服饰的传统礼法。

这样的社会氛围直接反映到当时人们的服饰观念和服饰风尚的变化上，造就了魏晋时期男女服饰都流行款式宽松，给人以自由洒脱、超凡脱俗、飘飘欲仙的感觉，成为当时文人、士族非常崇尚的服饰。

想 一 想

魏晋时期的襦裙宽松肥大，但是当时的人们却非常喜欢，同学们来想一想，这是为什么呢？

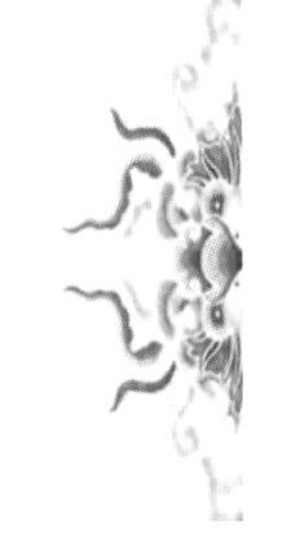

知识巩固

同学们，今天我们认识了宽松飘逸的襦裙，对比已经学过的深衣，有什么区别呢？快来测一测你是不是都掌握了它们的款式特点呢？

连 一 连

襦 裙

深 衣

延伸阅读

魏晋时期的襦裙款式也有很多，其中，最典型、最有特点的女装为杂裾垂髾服。杂裾垂髾服的基本服装样式还是延续了上衣下裳的形式，主要在下摆和配饰上有所变化，通常将下摆裁剪成数个三角形，上宽下尖，层层相叠，因形似旌旗而名之曰“髾”。腰部再束围裳，围裳之中伸出两条或数条飘带，走起路来，随风飘起，如燕子轻舞，很是迷人，另外在肩部还常常披围巾，交于领前，自然垂下。

第五课　唐朝衫裙

同学们，你们好！通过前面的学习，相信大家对中国传统服饰已经有了一定的了解，今天，我们即将进入中国历史时期中最为辉煌灿烂的唐朝。一起来学习一款经典的唐朝服饰——齐胸衫裙。衫裙也是上衣下裳的一款演变款式，但与以往的上衣下裳又有明显的区别，下面我们就一起来了解一下这款唐朝的经典服装吧！

第五课　唐朝衫裙

学习目标

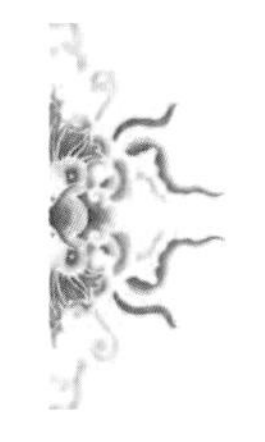

1. 了解唐朝衫裙的特点
2. 认识《捣练图》
3. 了解古代唐朝的中外服饰交流

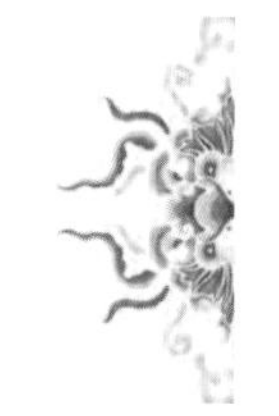

看图识衣

敦煌壁画中的唐代仕女

对于唐朝的服饰，我们可以从留存至今的敦煌壁画、《捣练图》、《簪花仕女图》等历史画卷中找到最好的答案。因为唐朝时期的写实绘画水平已经达到空前的高度，里面记录了许多当时的社会风貌。

《捣练图》唐 张萱

出土文物里的唐朝衫裙

知识要点

【衫裙装】

从《捣练图》中我们就可以看到，当时的贵族妇女穿的就是衫裙装，它是盛唐时期女性最喜欢穿着的款式，一般上穿短襦，下着长裙，裙腰提得极高至腋下，以绸带系扎，这也是唐朝女装的主要特点。

【衫裙的领口】

在唐朝服饰的众多特点中，不得不提的是衫裙装中各式各样的领口设计，如坦领、圆领、方领、斜领、直领、鸡心领等，领口之低、胸部之袒露，实为历朝历代妇女服装所不及，从许多唐诗中对这一服饰特点的描写，我们也能对此窥见一斑。如欧阳炯《南乡子》中“二八花钿，胸前如雪脸如莲”，方干《赠美人》的“粉胸半掩疑晴雪”等，都是对这一半露胸款式的写照。

领口款式	图例
坦领	
圆领	
方领	
交领	
直领	

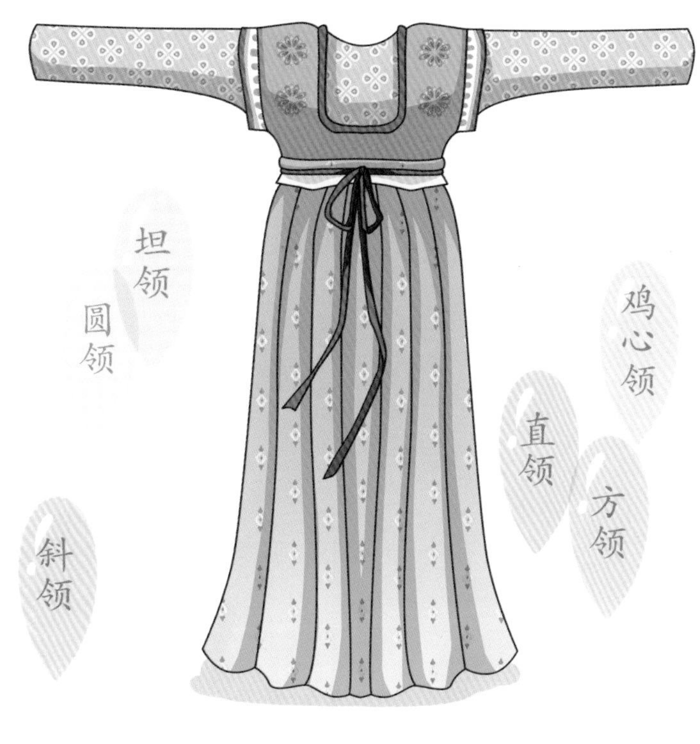

衫裙的领型

故事阅读

唐朝的绘画与壁画中有很多地方都涉及了当时的服装与妆容，我们一起来看看这幅有趣的《捣练图》吧！

【衫裙与《捣练图》】

不同于早期，我们只能通过文献记载或简约的图案去揣摩、猜想古人的服饰，唐朝时期的写实主义绘画水平已经达到空前的高度，留存至今的很多绘画作品都为后人提供了了解唐朝风貌的绝佳资料。其中的《捣练图》为我们了解唐朝的衫裙提供了重要依据。下面我们就来一起欣赏一下这幅由盛唐时期画家张萱所绘制的绘画作品。

捣练图

唐朝开元（713～741）年间，正直唐朝盛世，百姓安居乐业，各种手工业繁盛昌盛，图画反映的是，在长安城的某个庭院角落，一群贵族妇女正在自家的庭院里捣练缝衣，在长卷式的图画上共刻画了十二个人物形象，贵族妇女们一边嬉笑聊天，一边忙碌着。有的在拉伸坯布、有的在熨烫面料、有的在缝纫、有的在捣练，还有一个年少的女孩，淘气地从布底下窜来窜去，好不热闹。她们身穿衫裙装，额带花钿，双鬓抱面，头插珠花、发梳等装饰，尽显雍容。画家既重视人物形象的塑造，又注意刻画某些富有情趣的细节，使所反映的内容，非常具有生活气息。

唐朝官服

【服饰与中外交流】

唐朝是我国古代的全盛时期，政治的稳定，经济的发达，生产和纺织技术的进步，对外交往的频繁等都促使服饰的发展空前繁荣。王维的诗“万国衣冠拜冕旒”，既能体现当时服饰的繁荣，也能体会到当时多元融合、中西交流的盛况。

唐朝的开放，使服饰从外形到装饰均大胆吸收外来特点，多以中亚、印度、伊朗、波斯及北方和西域外族服饰为参考来充实唐朝服饰文化。服装款式、色彩、图案等都呈现出前所未有的崭新局面，而这一时期的女子服饰，可

日本服饰

谓中国服装中最为精彩的篇章，其冠服之丰美华丽，妆饰之奇异纷繁，都令人目不暇接。同样唐朝服饰也影响了邻国，如日本和服的款式就保留了唐女装的特点，其色彩和图案也大大吸收了唐装的精华，朝鲜服的高腰系带也承袭了唐女装高腰节设计的特点。因此，唐朝成为中国乃至世界服装史中一个重要时期。

通过对盛况空前的唐朝服饰的学习，我们可以看出：唐朝服饰之所以能发展到如此繁荣的景象，成为中国历史上最灿烂夺目的篇章，除了唐朝强大的经济、稳定的社会之外，与唐朝的开放政策，中西文化的交流密不可分。

朝鲜服饰

唐朝的女装是中国服装史中最为精彩的篇章。盛唐时期女性最具代表性的服饰形象是：上着窄袖短襦，领口有金彩纹饰的锦缎作镶边，常见袒胸露臂，下身着高腰节、曳地大幅长裙，腰间系带，肩披巾帛，足穿高头鞋履。

其整体着装呈现出线条流畅而修长，款式上丰美华丽、雍容华贵，体现出唐朝大国的雍容和气度。在长达两千多年的封建社会中实属罕见。

在今天的中国，我们也处在中外大交流、大融合的时期，一方面说明我们国家国力的强盛，另外一方面也说明我们的服装也即将迎来灿烂辉煌的新篇章。同学们，你们都准备好了吗？

第六课　唐朝大袖衫

嗨！同学们，你们好！在上一节课，我们学习了盛唐时期的一款经典服饰——衫裙，大家是不是还意犹未尽呀？今天，咱们再一起来认识一款晚唐时期最具代表性的服装——大袖衫，这款服装同上次讲的衫裙共同构成了唐朝女装的两个重要服饰代表。

那么，什么是大袖衫呢？它有什么样的特点，又是怎么流行起来的呢？

第六课　唐朝大袖衫

学习目标

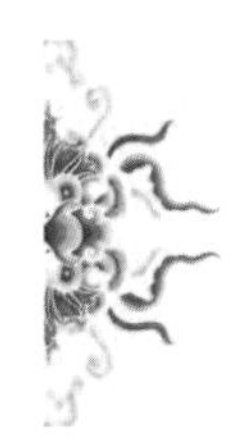

1. 了解《簪花仕女图》和唐朝大袖衫
2. 了解“拜倒在石榴裙下”的典故

看图识衣

大袖衫是晚唐时期最具代表性的一款服饰。当时贵妇们的妆发也极具特色，我们可以从当时的绘画中来体会这一点。

唐朝大袖衫和唐朝妇女的妆发

知识要点

大袖衫采用透明纱罗材料，宽袖对襟，配曳地长裙与披帛。盛唐以后，胡服的影响逐渐减弱，女装的样式日趋宽大。到了中晚唐时期，这种特点更加明显，普通妇女的服装，袖宽往往四尺以上。

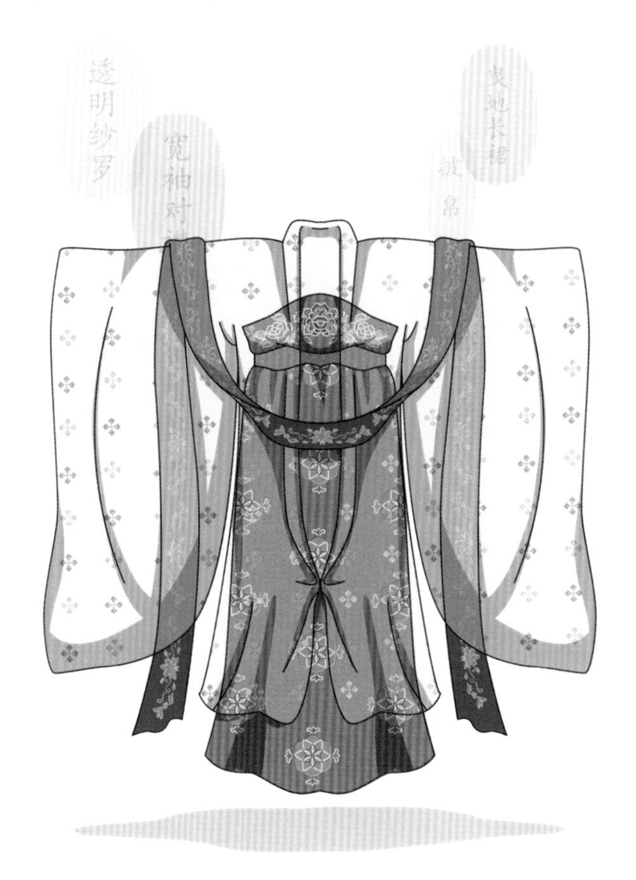

追溯历史

【大袖衫与《簪花仕女图》】

说到大袖衫，就不得不提及晚唐著名画家周昉的《簪花仕女图》，图中的美人身穿的服装即为大袖衫。下面我们通过《簪花仕女图》这幅绘画来进一步认识一下今天的主角——大袖衫。

安史之乱以后，唐朝统治阶级为了粉饰太平，提倡所谓“文治”。这也正好吻合了当时人民历经战乱、渴望社会安宁的心情，奢侈之风成为天宝年以后统治者崇尚的风气，宴游的风气从此大开。到了贞元年间，这种风气就更为突出。杜牧是这样描述当时的社会风气："至于贞元末，风流悠绮靡。"周昉的《簪花仕女图》正是这个时期的典型代表，画家如实地描绘了在奢靡风气支配下的唐代宫廷仕女嬉游生活的典型环境。

《簪花仕女图》 唐 周昉

该图描述的是唐朝贵族妇女的生活写照，画上共绘有六位丰颊厚体的贵妇，她们打扮艳丽入时，云髻高耸，头戴的折枝花朵皆不相同，脸上又晕染娥眉，衣饰华丽，身着低胸长裙，外罩薄纱，显出半透明的质感。贵妇们外

唐朝仕女

罩的薄纱皆为轻薄透明的绫罗罩衫，对襟直领，宽松大袖，透如蝉翼，轻盈空灵，与低胸的红色石榴裙搭配相得益彰，游离于肌肤与色彩之间，若隐若显。轻薄的细纱自然地垂挂在女子肩部和手臂，突现了妇人们慵懒却优雅的体态。

除了大袖衫，《簪花仕女图》中描绘的贵妇们的妆发也极具特色。发髻高大，额上和两鬓头发饱满，上插各种花饰、发髻与步摇。两颊涂抹红色腮红，泛起红晕；斜挑黛色短眉，浓淡适宜地斜峙在粉额之前，眉间以金色花钿点缀，朱唇小到恰好处，与整个面庞隐隐相称。

故事阅读

同学们都知道杨贵妃吧？那大家知道杨贵妃和石榴裙之间的故事吗？下面我们就一起来看一下吧！

【杨贵妃与红色石榴裙】

《簪花仕女图》中，贵妇们身穿的红色石榴裙是中晚唐时期最为流行的一款裙装，石榴红以其颜色的饱和与耀眼，迎合了时代的热情，广为流行，白居易的“眉欺杨柳色，裙妒石榴花”，李白的“行酒石榴裙”，以及我们现在还经常用到的“拜倒在石榴裙下”这个典故，都与中晚唐时期流行的这款裙子有关。

相传杨贵妃十分喜爱石榴花，特别爱穿石榴红色的裙子。唐明皇十分宠爱杨贵妃，以至于荒疏了朝政，引起大臣们的不满，因此大臣们迁怒于杨贵妃，对她拒不施礼，以示对唐明皇的抗议。一天，唐明皇设宴召群臣共饮，并邀杨贵妃献舞助兴，可杨贵妃向皇上耳语道：“陛下的这些臣子们眼里只有陛下，丝毫容不下臣妾，见了我跟见到空气似的，毫无理数可言！我为他们跳舞，不是给他们添堵吗？”

唐明皇一听，知道贵妃受了委屈，于是立即在殿堂上下令所有文武百官：以后见到贵妃一律要行大礼。

众大臣无奈，即使万般不情愿，只能听令。从此，大臣们凡见到喜欢身着石榴裙的杨贵妃走来，无不下跪行大礼。于是“拜倒在石榴裙下”的典故流传开来，成为至今大家都耳熟能详的俗语。

想一想

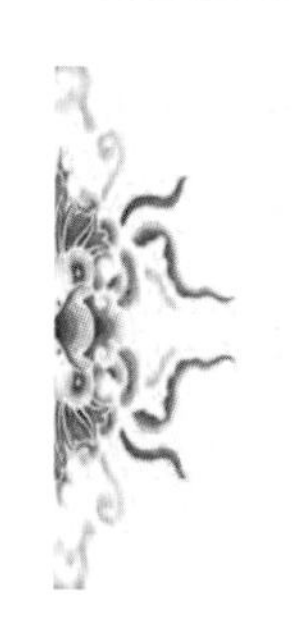

前面我们学习了衫裙，同学们想一想，衫裙和大袖衫有什么区别呢？

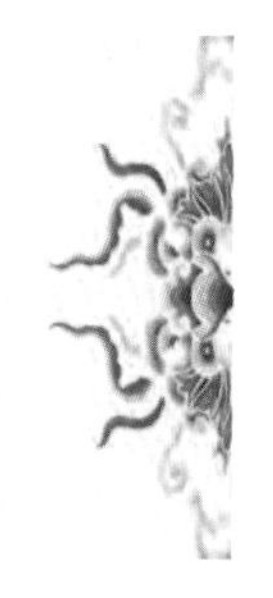

延伸阅读

【大袖衫的不断演变】

盛唐以后，妇女以体态丰满为美，这些都能从许多绘画、诗歌中得以证实。这反映了当时的审美趋向和社会风尚。由于身材的丰腴和审美趋势的发展，盛唐之后的女子服饰日趋肥大，裙子的宽度比初唐时期要肥大得多。盛唐之后，女子的衣着不仅以袒露为美，而且在服装的选材上也多以透明的纱罗为主料。透明袒露的穿着和当时开放的思想有着密切的关系，为整个封建

社会所罕见，是唐朝服饰的又一大特色。

中晚唐时期，女子服饰的典型形象由大袖衫、低胸长裙、披帛、高头发髻、华丽妆发所构成。

衫比襦长，与襦、袄等上衣有所区别，多指丝帛单衣，质地轻软，以对襟为主。再配以轻薄、透明的纱罗材质为主的飘带，飘带上面印有图案，其长度在2米以上，披于双臂、舞之于前后。发式上，唐朝时期的发式异常丰富，如抛家髻、半翻髻、飞髻、惊鹄髻等，并在发髻上以各种金玉簪钗、犀角梳篦和各式花卉作为装饰，其中的抛家髻对日本女性的传统发式影响很大，至今还能看到类似的发髻。

唐朝妇女的发髻和妆容

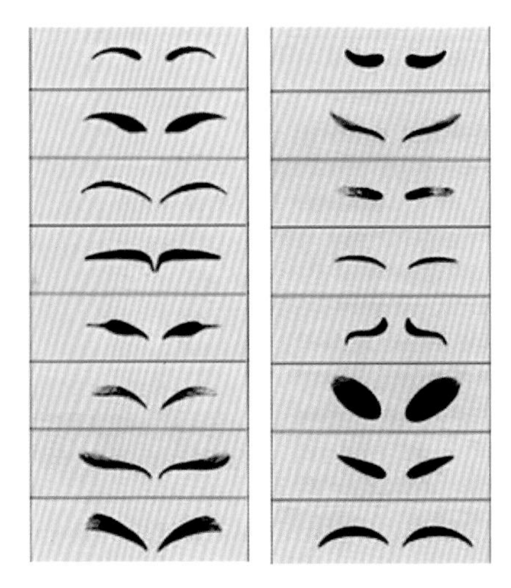

唐朝妇女的眉形

唐朝女性化妆具有鲜明的特色，流行在粉白底妆上涂抹大团腮红，眉形也十分丰富，有八字眉、蝴蝶眉、柳叶眉、黛眉等多种眉形，并在额间采用各式花钿作装饰。

总之，曳地长裙、广袖长衫、飘飞披帔、高髻鲜花、蛾眉花钿、高头丝履……衬托出丰腴雍容为美的盛唐女子，构成人们对唐代女子服饰最为感性的认知。

第七课　宋朝褙子

大家好！在这一课，我们将进入我国的宋朝。在宋朝的服饰中，最具特色的非褙子莫属。褙子是宋朝最常见、最有代表的女子服饰，贵贱皆可穿着，而且男子也可穿着，因此，是宋朝最为普遍的服饰。

那么，什么是褙子呢？它又有什么特点呢？

第七课　宋朝褙子

学习目标

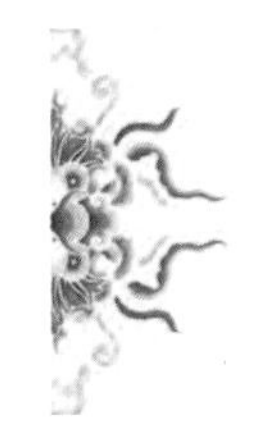

1. 根据宋朝的历史背景，理解宋代褙子的特点
2. 了解宋朝“程朱理学”对服饰的影响

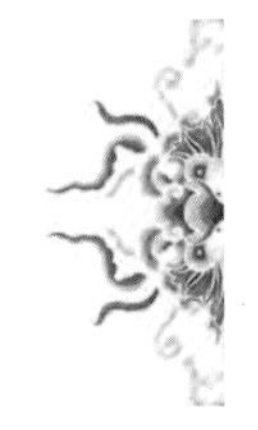

看图识衣

褙子是宋朝最常见、最有代表的女子服饰，不论贵贱、男女，皆可穿着。关于褙子的样式，我们还可以从古代的绘画作品以及出土文物中找到一些蛛丝马迹。

身穿褙子的宋朝女子

宋朝褙子

身穿褙子的女子

知识要点

褙子为直领对襟，前襟无纽扣，两侧开衩自腋下垂直而下，袖口与衣服各片的边都有缘边装饰。衣长有齐膝、膝上、过膝、齐至足踝等，长度不一，衣服的下摆十分窄细。不同于以往的衫、袍，褙子两侧开了很高的衩。

褙子穿着后的外形一改以往的八字形，下身极为瘦小，甚至成T字形。再加上侧衩很高，行走时随身飘动，露出部分内衣，又有几分动人之处，使得宋代女子显得纤细瘦弱，典雅清新，独具风格。宋代，上至皇后贵妃，下至奴婢侍从、优伶乐人及男子燕居都喜欢穿着。

女性褙子　　男性褙子

故事阅读

宋朝的审美情趣与唐代时期完全不同。那么，在服饰方面，又有什么故事呢？

【“程朱理学”与褙子】

到了宋朝，时代精神与审美情趣与唐朝相比，发生了很大的变化。他们厌弃了唐朝的丰腴华丽，而喜清幽淡雅，崇尚苗条清瘦。那么，宋朝为何流行这样一种与唐朝截然不同的服饰风格呢？这与宋朝的时代背景与审美意识密切相关。

宋朝是中国妇女史的一个转折点，宋朝开始盛行“程朱理学”，宣扬

“三纲五常、仁义为本”，强调要“存天理而灭人欲”，对人们的思想道德、行为规范进行了极为严格约束。一方面规范了社会秩序和伦理道德，但另一方面对女性进行了严格的束缚，宋朝女子受封建礼教的束缚更甚于以往各代，而较之唐朝要封闭得多，使得女性形象朝内敛、含蓄、保守的方向发展。

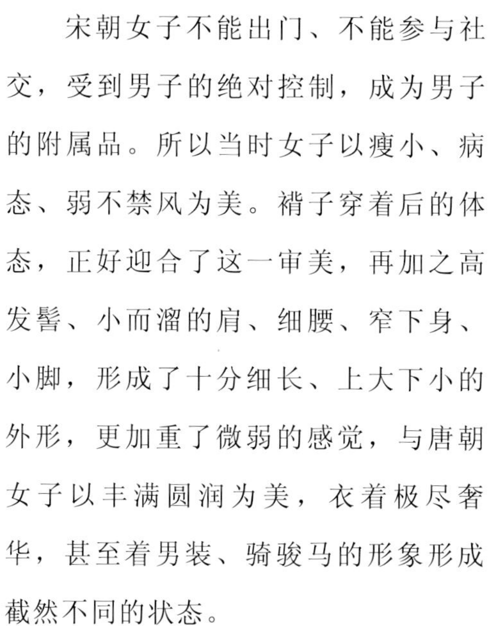

宋朝女子不能出门、不能参与社交，受到男子的绝对控制，成为男子的附属品。所以当时女子以瘦小、病态、弱不禁风为美。褙子穿着后的体态，正好迎合了这一审美，再加之高发髻、小而溜的肩、细腰、窄下身、小脚，形成了十分细长、上大下小的外形，更加重了微弱的感觉，与唐朝女子以丰满圆润为美，衣着极尽奢华，甚至着男装、骑骏马的形象形成截然不同的状态。

【服装颜色与等级制度】

宋朝的礼教规范还体现在对服装色彩的严格要求，唐朝时期对于颜色的使用虽然已有规范，但社会上对颜色的使用禁忌较宽松，到了宋朝由于理学盛行，封建等级制度趋于完备，对服饰色别的限制也就日趋严厉。

宋朝官服

如不同官职穿的衣服在颜色上有所区别，这种以不同的服色来区别官职，称之为“品色衣”，只要看到一个官员所穿衣服的颜色，便可以判断出他是几品官员。宋朝官服中，黄色为皇帝专用色、三品以上用紫色、五品以上用朱色、七品以上用绿色、九品以上用青色，没有任何官阶的一般就穿白色。

宋朝官服的基本形制

白　丁

古代把没有功名、没有官位的人称为“白身”“白丁”，成语中的“黄袍加身”“脱白挂绿”等这些用语都反映通过服装用色的改变来反映着装人身份的变化。“黄袍加身”说的就是宋朝开国皇帝赵匡胤在陈桥发生兵变，部下诸将给他披上黄袍，拥立为天子。“脱白挂绿”意思是文人通过寒窗

赵匡胤黄袍加身

苦读，考取功名后，脱去白衣，换上绿袍，初登仕途，反映了文人的人生理想，也是文人发迹、改变命运的真实写照。这些成语都说明服装用色在古代中国有着丰富的内涵，除了具有分贵贱、区阶层的作用外，也包含了古人们的人生理想和追求。

延伸阅读

【“褙子”名称的由来】

关于褙子的名称，宋朝有一种说法，认为褙子本是婢妾之服，婢妾穿腋下开胯的衣服，行走较方便，也便于服侍主人。因为婢妾一般都侍立于主妇的背后，故称“背子”。宋朝的褙子为长袖、长衣身，腋下开胯，衣服前后襟不缝合，而在腋下和背后缀有带子。腋下的双带本来可以把前后两片衣襟系住，可是宋代的褙子并不用它系结，而是垂挂着作装饰用，意义是模仿古代中单（内衣）交带的形式，表示“好古存旧”。

第八课　元朝质孙服

同学们，你们好！我们今天将展开元朝服饰的学习。元朝是蒙古族取得政权，进行统治，因此在服饰上进行了较大的改革，采用了较多的蒙古族服饰元素，又结合了部分汉族服饰特点，形成了元朝独具特色的服装体系，其中的质孙服就是最重要的一个代表服饰。

第八课　元朝质孙服

学习目标

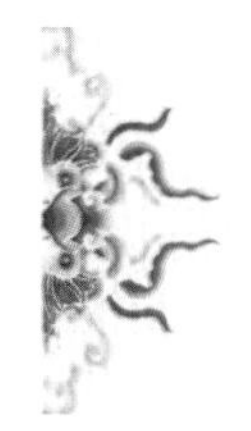

1. 了解元朝质孙服的特点
2. 了解元朝质孙宴

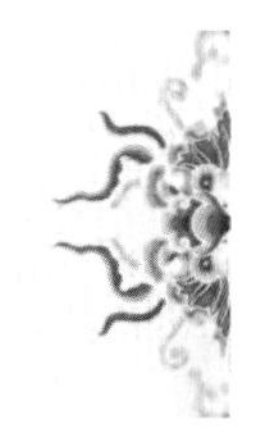

看图识衣

质孙服中的质孙来源于蒙古文，意思表示颜色，汉语里也称为“一色衣”。质孙服的形制是上衣连下裳，衣式较紧窄且下裳较短，在腰间作无数的褶裥，并在肩背间贯以大珠。质孙服可作为戎服便于乘骑，是承袭汉族又兼有蒙古族特点的服装。

元朝质孙服

追溯历史

质孙服必须在大汗御临的内廷大宴上才能穿着。关于质孙宴，意大利著名旅行家马可波罗在他的游记里非常详细地记述了忽必烈时期质孙宴的盛况，以及盛宴中人们所穿质孙服之华丽、精美：“宫廷宴会上，至少有一万二千人穿着与大汗同一颜色的服装，腰系金带，服装非常精美华丽。大臣们穿的衣服虽然颜色上都和大汗的一样，但是根据每人的官职品级，衣服的用料和质地又不一样。

大家宴会上所穿的衣服都是大汗所赐，服装上装饰点缀着各种珍珠宝石，价值连城。另外，每个人还不只一件这样的衣服，大汗每年要御赐十三次这类衣服给各个大臣来参加宫廷宴会，十三次御赐的衣服颜色不一，但每次御赐的衣服颜色都是统一的，足见当时元朝宫廷宴会可谓盛况空前。”马可波罗在书中用了大量的篇幅详细记载了质孙盛宴上达官贵族奢华的服饰，使我们较清楚地了解了当年质孙宴的场面奢华和排场浩大。马可波罗说：“这是世界上任何君主都望尘莫及的。”

知识要点

质孙服总是衣、帽、腰带、鞋配套穿着，服饰异常华丽。据记载，天子和百官共49种质孙服，其中皇帝就有26种质孙服，夏天15种，冬天11种。在搭配上非常讲究，冬天的质孙服，如果是大红色、桃红色、紫色或蓝色，就要佩戴七宝重顶冠；如果是粉红或粉黄色，就要佩戴红金答子暖帽；如果是粉白色，就要佩戴白金答子暖帽；如果是银鼠色，需要佩戴银鼠暖帽，披银鼠帔。而华丽的装饰也是质孙服的一大特点，包括各种刺绣、珍珠、宝石等装饰。

质孙服

故事阅读

质孙服是蒙元时期非常重要的宫廷礼仪服饰，质孙服是伴随着质孙宴而产生的。

那么，质孙宴又是什么呢？

古代质孙宴

【质孙宴】

元朝宫廷每年都要在宫中举办质孙宴，这是国家级的宴会，百官们都要身着皇帝御赐的华丽的质孙服参加宴会，据记载，在大宴现场，至少有一万人穿着与皇帝同色的质孙服，远远望去，皓皓泱泱，壮观宏伟。

每一个朝代创立之初，建立舆服制度都是一件非常重要的事情。统治者的服饰代表着一代君王的威仪，更成为统治阶级区分贵贱、尊卑的重要手段。蒙古统治者对于本民族的传统服饰有着特殊的感情，因此在建立舆服

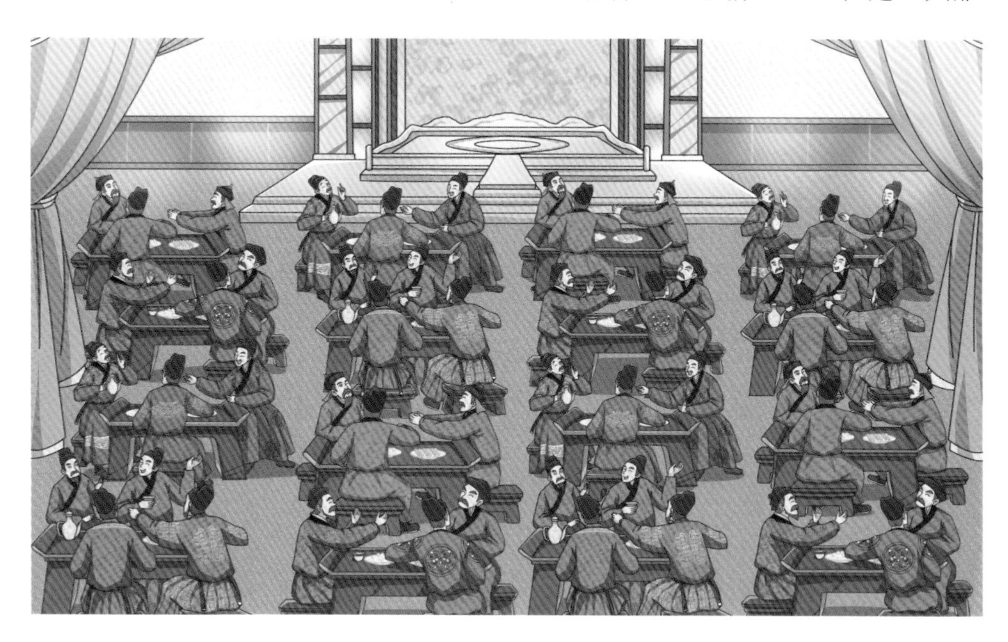

制度时，天子、百官的袍服、冠帽就有两个系列，一是“近取金、宋，远法汉、唐”的汉制衮冕系列，另一个就是沿袭了蒙古族传统袍服的质孙系列。并且这两个系列服饰的使用场合有明确限定。“蒙古朝祭以冠幞，私燕(燕同宴)以质孙”，意思是汉制的官服主要在祭祀等场合穿着，具有蒙古特色的质孙服则在宫廷大宴时穿着。质孙服这个特定场合穿着的特殊服饰就成为蒙元时期宫廷服饰的代表，它在穿着规范上有着严格的规定，如必须在大汗御临的内廷大宴上才能穿着；大宴上每日一换；必御赐；必须按定制由工匠专制。

元代是中国历史上的一个变革的年代，在物质生活习俗方面虽然多承袭了以往固有的传统，但有些方面也呈现出一些时代特色。首先就体现在服饰习俗方面，因元代各民族人民的密切来往，使得服饰文化的交流具有非常典型的时代性，质孙服作为这个时期最具代表性的服饰，对明清服饰也造成了较大的影响，成为中华传统服饰中的重要代表。

第九课　明朝百褶裙

同学们，你们好！今天要给大家介绍的是明朝最具有代表性的服饰：百褶裙。

第九课　明朝百褶裙

学习目标

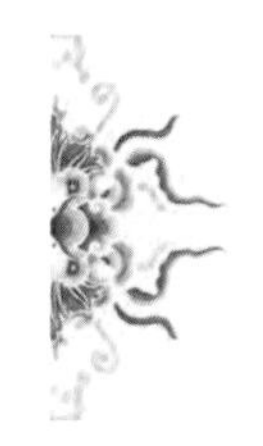

1. 了解明朝的服饰特点
2. 了解古代凤冠霞帔

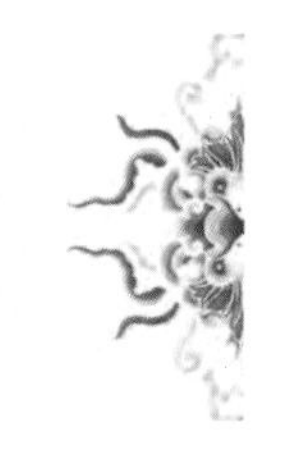

看图识衣

明朝百褶裙采用的上下身分开，但在裙身上保留了褶裥的款式。我们可以从古代的一些历史画册及出土文物中看到百褶裙的款式。

明代皇帝麒麟袍

明朝时期的女性百褶裙

知识要点

明朝流行的百褶裙属于上衣下裳的一种演变款式，特点主要体现在下裳上的各种褶纹，因褶纹细密，故称之为百褶裙。

明朝百褶裙的流行明显受到元朝质孙服（也称一色衣）的影响，质孙服是上下身相连，腰间有无数褶裥的款式，而明朝百褶裙则采用了上下身分开，但在裙身保留了褶裥的款式。

【款式丰富的百褶裙】

明朝时期百褶裙的样式也很丰富，如明初的裙装宽为六幅构成，后面发展为八幅、十幅，裙褶有细密的褶纹，也有较大褶纹。褶纹的装饰十分讲究，有一种名为彩条裙，每条选用一种颜色缎，每条色缎上绣上花鸟纹饰，带边镶以金线可成为独立的条带，将数条这样的各种彩条拼合在腰带上，就成为彩条飘舞的裙子，因此又取名凤尾裙，有的还将整块缎料用手工做成细密褶纹，是名副其实的“百褶裙”，还有一种有二十四褶的褶裙取名“玉裙”。

质孙服与百褶裙

彩 条 裙

故事阅读

在现代服装中，百褶裙也是一款常见裙装。可见，它不仅款式漂亮，而且一直深受大家的喜欢。那么，关于百褶裙，又有哪些故事呢？

【百褶裙与锦衣卫】

在上节课中，我们已经了解到质孙服是源自元朝蒙古族的一种下身打竖褶的交领长袍，这种款式的衣服一直影响到明朝，上至皇帝、百官、士大夫、宦官、吏胥，下至民间百姓的服装样式都带着很多褶，是明代最常见的服装之一。实际上这种服装在明朝有多种称呼，一色衣是其中最有名的一种，其他的名称常见的还有程子衣、校尉衣等，对于现代普通人来说，最熟悉的应该是校尉衣了，因为锦衣卫的制服飞鱼服就是校尉衣，我们在影视剧里经常能看到。

这种下摆打褶的样式不仅体现在明朝时期的宫廷官服中，也深深影响了汉族妇女的裙子样式。在元朝之前，中原女性穿的裙子根本不打褶，或者打褶很少，但是到了明朝，女裙的竖褶越来越细密，以至于出现了百褶裙的称呼。这种打褶裙几乎统一了中国传统女裙，在明朝、清代女裙中占据了统治地位，成为明清时期最具代表的汉族女性传统裙装，至今百褶裙在西南少数民族的裙装中也能经常看见。

明朝百褶裙

【明朝霞帔与命妇】

明朝服饰还有个突出的特点是，前襟的纽

扣代替了几千年来的带结，这一前襟的纽扣至今也是中式服装的一个重要特点。明朝还开始盛行一种特殊式样的帔子，由于其形美如彩霞，故得名“霞帔”。霞帔到宋代被列入礼服行列，到了明代应用更为普遍，霞帔是朝廷命妇的礼服，随品级的高低而有所不同。霞帔用锦缎制作，上面有绣花，两端做成三角形，穿戴时绕过脖子，披挂在胸前，因下端垂金玉坠子，显得挺拔高贵。它是女性社会身份的一种标志，承担着女性一生中最大的荣耀与希望。

命妇着霞帔时，在用色和图案纹饰上都有严格的规定，一般在大红底色的大袖衫上披挂霞帔时，要用深青色绣花霞帔，品级的差别主要表现在纹饰上，如一、二品命妇，霞帔用蹙金绣云霞翟纹；三、四品命妇霞帔用金绣云霞孔雀纹；五品命妇霞帔绣云霞鸳鸯纹；六、七品命妇绣云霞练鹊纹；八、九品命妇霞帔绣缠枝花纹。

【嫁衣：凤冠霞帔】

霞帔虽然是宫廷命妇的着装，按照华夏礼仪，大礼如祭礼、婚礼等场合可向上越级，不算僭越，所以平民女子在出嫁时候也可以穿着凤冠霞帔。凤冠霞帔这一形式的婚嫁服至今在我国的婚礼习俗中仍有保留。

凤冠霞帔

延伸阅读

我们已经知道百褶裙，现代也称“百裥裙”“密裥裙”或“碎折裙”，裙身由许多细密、垂直的皱褶构成，密密麻麻的褶裥少则数十褶，多则上百褶，美观漂亮，制作复杂。其实，百褶裙至今在中国西南地区的苗、布依、彝、侗等族妇女中仍然十分流行，成为少数民族服饰中的代表服饰，现代百褶裙的种类十分丰富，在面料上有采用扎染、蜡染、刺绣等装饰面料，裙也有长有短，长的曳地，短的及膝等。

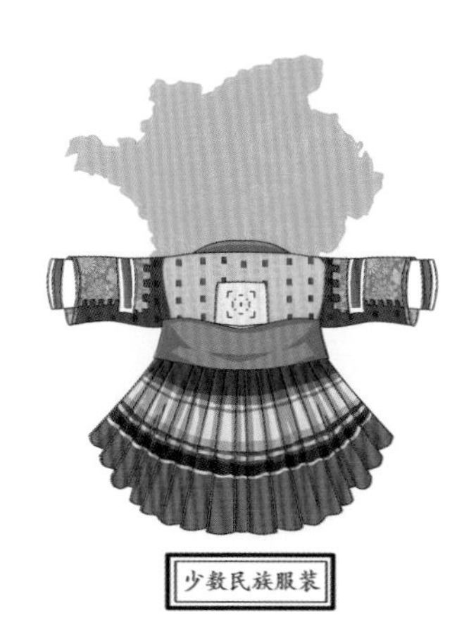

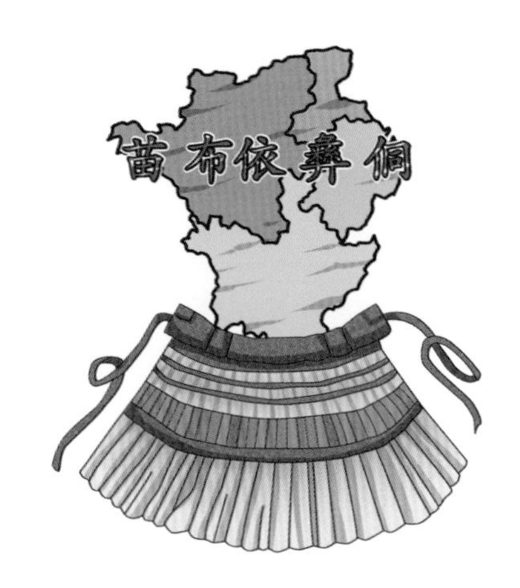

西南少数民族服饰

第十课　清朝旗装

嗨！同学们，你们好！今天我们要学习的是中国最后一个封建朝代清朝的代表服装——旗装。

第十课　清朝旗装

学习目标

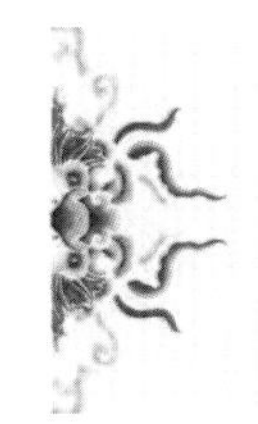
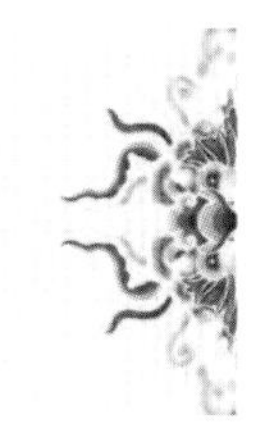

1. 了解清朝旗装的特点
2. 了解清朝官服的特点

看图识衣

旗装在清朝时期的女装中，主要为旗人女子所穿着，在宫廷以及满族贵族中流行，在服装形制上与汉族妇女服装有着显著的区别。

清朝时期宫廷的典型旗装样式

知识要点

【满族旗装】

满族的旗装一改汉服的宽袍大袖、拖裙盛冠，外轮廓呈长方形，衣长及脚踝，无腰身，窄袖紧身，在用料上大大节省了面料，制作工艺上也得到了简化。旗装的上衣都用纽扣做连接件，这使着装的程序较绳带更为方便。旗装的其他局部特征还体现在：马鞍形领掩颊护面，衣服上下不取腰身，衫不露外，领子为偏右衽并以盘纽为饰，马蹄袖盖住手背，在领边、袖边、下摆等处施以镶滚工艺装饰，形象肃穆端庄，突破了汉族几千年来飘逸、宽松的特点，与中原地带长期以来文儒柔雅之风大为不同，为中国传统服饰的改良注入了新的元素和活力。

清代旗装

【旗装配饰】

满族女子服装除了服装形制与汉族不同外，在冠饰、霞帔、足饰上都有其鲜明的特征，冠饰中旗髻最有特点，有两把头、大拉翅等头髻。在重要场合，旗装外再身着霞帔，霞帔沿袭明朝，但其形状发展成宽阔如背心状，中间绣禽兽以区别等级，下垂彩色流苏。旗女没有汉族妇女裹小脚的习俗，着木底鞋，底高可有四五寸，高跟装在鞋底中心，因鞋底形状的不同，又称为花盆鞋或马蹄鞋。

旗女的着装

花盆鞋

故事阅读

【清朝汉族女装】

同时期汉族妇女传统服饰在清代早期“十从，十不从”的妥协政策下，得到赦免，与汉族男性必须剃头易服不同，汉族女性依然可以保留传统汉族的服饰形象，其服装形制多沿袭明朝，上身着袄、衫，下着裙，足登三寸金莲，只是衣袖较以往窄小，镶嵌绣彩是其一大特色，一般在领、袖、前襟、下摆、衩口、裤管等边缘地方镶嵌和刺绣花边。

但随着清朝统治的巩固，充满满族特点的清廷官服取得正统地位，在百姓心目中成为服装正统，因而也影响到民间汉族妇女的服装。比如在汉族的婚姻仪典上，旗装被汉族妇女作为礼服以区别日常的女装穿戴，并在日常服装中也开始慢慢吸收旗装的元素，汉族女子穿旗装，是一种自然的服饰发展演变与流行的结果。

【官服】

在清朝的官服中也体现了满汉融合，其样式在满族朝服的基础上，保留了明朝标志官员等级的补子装饰图案。补子以金线或彩丝绣成禽兽纹样，缀于官服胸背，补子又分圆补和方补，圆补用于皇亲，方补用于文武官员。文官绣禽，以示文明；武官绣兽，以示威武。所绣禽兽种类不同，借以辨别官职高低。

补子上所用的禽兽种类根据官职的大小，从一品到九品进行划分。文官分别绣饰：仙鹤、锦鸡、孔雀、云雁、白鹭鸶、溪鸠、黄鹂、练雀；武官分别绣饰：麒麟、狮子、豹、虎、熊、彪、犀牛、海马。禽兽下方再加上一些山纹和水纹，称作海水江涯纹，寓意“坐稳江山”，充分体现了中华民族象征文化的丰富内涵。

文一品官补子仙鹤

武三品官补子豹

延伸阅读

清朝的旗装是满族入关后强制推行的游牧民族服装，是强权政治的结果。几千年世代相袭的汉族服饰制度，由于八旗进关而被改变，是历史上继“胡服骑射”“开放唐装”后第三次明显的服饰变革，是中华传统服饰的又一次变装，也成为中华民族服饰的重要代表，其中的许多元素在现今民族服装中仍有大量应用。

现今中式服装的一个重要的标志——立领即为旗装中的一个重要元素，在清朝中后期的汉族妇女服饰中也有大量的应用，这一领形在汉族妇女服饰中的应用充分体现了满汉服饰的融合。立领最初是北方及西部少数民族服装的一个特点，是北方寒冷地带为适应气候而选择的一种领形。因领子采用立领，所以服装的胸部可供装饰的面积比汉族传统领形要大许多，因此胸部成为装饰的重点部位，多施以刺绣装饰，另外在领口、衣襟边、袖口等处再进行滚边或镶嵌等装饰工艺，形成以上身为装饰重点的清朝服装特色，在服饰上充分体现了满汉融合。

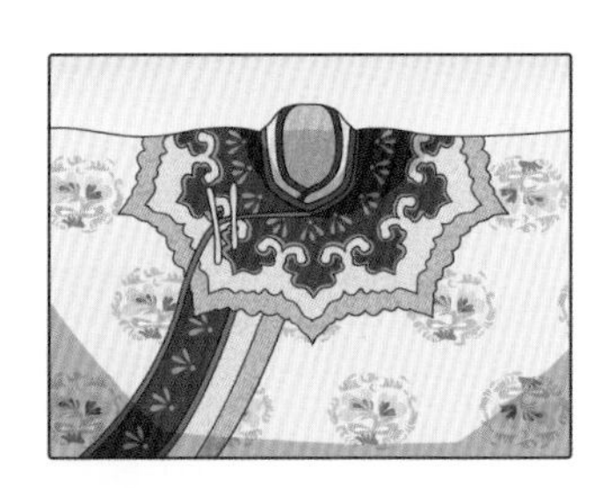

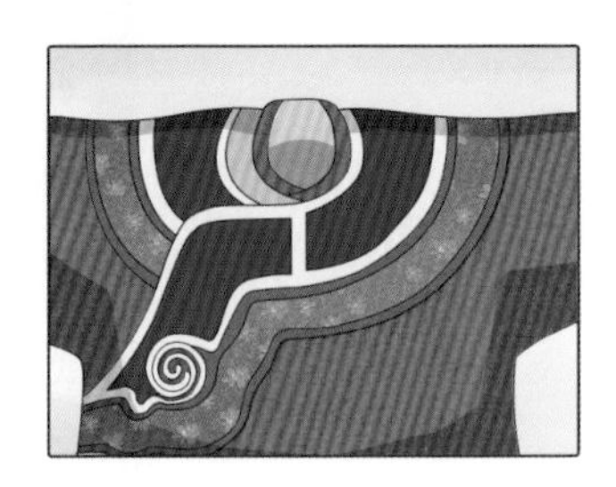

旗装的立领

第十一课　近现代旗袍

同学们，你们好！时间过得好快，不知不觉我们已经进入到中国传统服饰的最后一部分内容的学习。今天，我们要学习的是民国时期的旗袍。旗袍是近代中国女性的典型服饰，是中西服饰文化交融的产物。

第十一课　近现代旗袍

学习目标

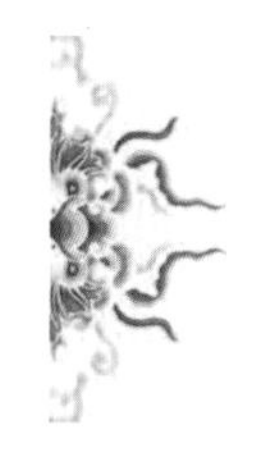

1. 了解旗袍的特点
2. 了解旗袍的发展演变

看图识衣

据考证，旗袍兴起于上海1925年的女学生群体，其式样在传统旗装的基础上，结合西式裁剪，收紧腰身、袖口缩小。衣襟绲边不如以前宽阔，融合了中西方美学和西方服装流行特征，成为民国新女性的服装代表。在1927年以后，旗袍成为上海女子的主要服饰品类和时尚潮流的主体，并引导了全中国的女装潮流。我们可以从早期的电视、电影或画报中看到许多穿旗袍的女性。

20世纪初期画报中的旗袍

知识要点

20世纪30年代是旗袍的黄金时代，这时的旗袍造型纤长，与此时欧洲流行的女装廓形相吻合。此时旗袍已经跳出了传统旗装的局限，完全“中西合璧”了。样式的变化主要集中在领、袖及长度等方面。领子先是流行高领，即使在盛夏，也必配上高耸及耳的立领，后又流行低领，甚至无领，在领子的造型上还采用荷叶领、西式翻领或左右开襟的双襟领形。

西式翻领旗袍

双襟领旗袍

高耸及耳的硬领旗袍

关于旗袍的下摆线，在1930年正好掩住膝盖，然后从高到低，1935年达到拖地的极限，其后下摆线位置逐渐上升。裙衩的高度也随之从低到高，再从高到低回落。袖子的式样从短袖、长袖到无袖交替变化，装饰也名目繁多，变化迅速。

故事阅读

关于旗袍，相信大家都不陌生吧？因为，现在仍然有许多人在一些特定场合穿着，比如婚宴、国际社交场合等。那么，关于旗袍，曾有哪些有趣的故事发生呢？

【上海百乐门】

要对旗袍进行深入了解，我们得从旗袍的发祥地上海开始说起。

20世纪20～30年代的上海滩，旗袍总是与新女性相关联的。当时的上海百乐门，号称“远东第一乐府”。

【南唐北陆】

梦幻般的灯光、玫瑰花图案的地板、浪漫的爵士音乐、光滑如镜的舞池，仿佛都述说着上海的绚丽与奢华。有一个身穿旗袍的曼妙女子，时常来此会友、挥洒青春，她就是唐瑛。当时，在上海社交场上风头最足的她，与陆小曼被并称为中国的“南唐北陆”。意思大概就是中国南方有佳人唐瑛，北方有绝色陆小曼。

据当时的传闻描述，唐家聘请了一个专职裁缝，专门给她一个人做衣服。因此，唐瑛的穿着在当时总是代表着上海滩最顶尖的潮流。

1927年，对时尚颇有心得、酷爱旗袍的唐瑛与从北京来的陆小曼共同创办了“云裳服装公司”，云裳服装公司位于上海的静安寺路一栋三层小洋楼里，它是中国第一家专为女性开办的服装公司。

云裳服装公司的品牌代言人，自然就是爱穿着旗袍的唐瑛和陆小曼。在公司的开幕典礼上，凭借着唐瑛和陆小曼的影响力，几乎汇聚了当时上海滩所有名流、明星，前来的佳丽和贵妇大都一袭旗袍在身，每一件旗袍都极其讲究精致，代表了当时最流行的旗袍样式，这场开幕典礼吸引了各大媒体争相报道，也为云裳公司打开了知名度。

云裳公司设计宗旨在“新”而不在“贵”，对西方流行反应迅速，大量融合西方时尚最流行的元素，据说，在巴黎流行的某一款时装，10天之后，基本上就会出现在云裳公司的设计中。

此外，唐瑛和陆小曼还亲自在店内为顾客试穿新衣，相当于巴黎高级时装店的专业模特，如此服务，当然颇具吸引力。

1927年的冬天，上海以及附近的南京、苏州、无锡等城市的大街上，凡是有时髦女子出现的地方，就会有一道道由云裳牌旗袍组成的亮丽风景。很快，云裳牌旗袍走向北京和天津等地，成为时尚女性竞相追逐的时装品牌。

云裳服装公司的成功也反映了上海滩服装的发展与兴旺。上海成为20世纪30年代远东地区、甚至整个亚洲的时装之都。日本、菲律宾、新加坡、印度等国的富商大贾，都会赶到上海，选购时装和旗袍。

20世纪20～30年代的上海旗袍，既不同于中国传统袍服，也异于同时期的西方流行，是中西交融的创新，具有鲜明的海派特色。历史无数的经历告诉我们，时装的发展和创新离不开文化的开放和交融，现在我们的中国更是处在一个开放的时代，服装的发展和创新必然会呈现更加辉煌和崭新的局面。

到这里，我们关于中国传统服饰的学习就要告一段落了。在这段时间里，我们从最早时期的深衣到春秋时期的胡服，魏晋时期的襦裙到唐代的衫裙和大袖衫，再到宋代的褙子、元代的质孙服、明代的百褶裙、清代的旗装，直到近现代旗袍，展开了一段奇妙的中国传统服饰文化之旅。希望这一段时间的学习，能让大家更多地了解到中国传统服饰的博大精深和独特魅力！

AR
华服小当
A Little Designer
直裾深衣
扫一扫
获取更多